百种蝽类昆虫生态图册

NATURAL HISTORY OF TRUE BUGS
A 100-SPECIES PHOTOGRAPHIC GUIDE

张润志　彩万志◎著

长江出版传媒　湖北科学技术出版社

图书在版编目（ＣＩＰ）数据

百种蝽类昆虫生态图册 / 张润志，彩万志著. -- 武
汉：湖北科学技术出版社，2022.6
ISBN 978-7-5706-2018-0

Ⅰ. ①百… Ⅱ. ①张… ②彩… Ⅲ. ①蝽科－图集
Ⅳ. ①Q969.35-64

中国版本图书馆 CIP 数据核字(2022)第 082528 号

百种蝽类昆虫生态图册
BAIZHONG CHUNLEI KUNCHONG SHENGTAI TUCE

责任编辑： 彭永东　胡　静		封面设计：胡　博	
出版发行：湖北科学技术出版社		电话：027-87679468	
地　　址：武汉市雄楚大街 268 号		邮编：430070	
（湖北出版文化城 B 座 13-14 层）			
网　　址：http://www.hbstp.com.cn			
印　　刷：湖北新华印务有限公司		邮编：　430035	
787×1092　　1/16	16.25 印张	350 千字	
2022 年 6 月第 1 版		2022 年 6 月第 1 次印刷	
		定价：428.00 元	

About The Authors
作者简介

张润志　男，1965 年 6 月出生。中国科学院动物研究所研究员、中国科学院大学岗位教授、博士生导师。2005 年获得国家杰出青年基金项目资助，2011 年获得中国科学院杰出科技成就奖，2019 年获得庆祝中华人民共和国成立 70 周年纪念章。主要从事鞘翅目象虫总科系统分类学研究以及外来入侵昆虫的鉴定、预警、检疫与综合治理技术研究。先后主持国家科技支撑项目、中国科学院知识创新工程重大项目、国家自然科学基金重点项目等。独立或与他人合作发表发现萧氏松茎象 *Hylobitelus xiaoi* Zhang 等新物种 145 种，获国家科技进步二等奖 3 项（其中 2 项为第一完成人，1 项为第二完成人），发表学术论文 200 余篇，出版专著、译著等 20 余部。

彩万志　男，1963 年 7 月出生。中国农业大学教授、国家"万人计划"教学名师，兼任北京昆虫学会理事长、中国昆虫学会常务理事、中国植物保护学会常务理事、教育部高等学校教学指导委员会委员、《植物保护学报》主编、*Insects* 等 10 余个国内外期刊编委。主要从事昆虫分类、基因组与进化、昆虫学史与昆虫文化等方面的研究，对猎蝽科、扁蝽科、木虱科等昆虫有比较系统的研究。先后主持国家自然基金杰出青年基金项目、重点项目、重点国际合作项目、面上项目多项，发表论文 360 余篇；出版《英拉汉昆虫学词典》等著作。主讲的"普通昆虫学"被评为国家级一类课程、国家级精品资源共享课程等；主编的《普通昆虫学》被评为北京市精品教材、面向 21 世纪教材、国家级"十一五"和"十二五"规划教材，2021 年获得首届国家优秀教材一等奖；所负责的教学团队被评为国家级优秀教学团队。

Preface

前言

　　蝽类昆虫是半翅目（Hemiptera）异翅亚目（Heteroptera）昆虫的通称，为不完全变态昆虫，简称"蝽"，古称"椿象"。许多蝽类昆虫前翅基部骨化加厚，端部膜质，为"半鞘翅"状态。大部分蝽类昆虫有臭腺，能分泌臭液，常被称为"放屁虫""臭大姐"等。半翅目昆虫高级阶元的分类系统复杂，亚目、次目、总科等调整频繁，各种观点差异和变化很大。全球已知蝽类昆虫约4万种，中国已知约4300种。

　　蝽类昆虫长有刺吸式口器，以植物或其他动物汁液为食。刺吸植物汁液的蝽类昆虫能取食植物（特别是农作物）的根、茎、叶、花、果的汁液，常使被害植物叶片变黄、卷曲，幼芽凋萎，果实畸形等，不仅影响植株的长势，而且使经济植物的产量降低、品质下降，严重为害者可使受害植物绝收。有些种类除取食植物汁液外，还能传播病毒病等，造成更大的损失，是重要的农林害虫。刺吸人类和其他动物（昆虫）的蝽类，有些是卫生害虫，如臭虫吸食人类血液，大多数人被臭虫叮后会出现荨麻疹样肿块，数日不退，瘙痒难忍，甚至出现失眠、虚脱、神经过敏等症状，严重影响身体健康。一些水生、半水生的仰蝽科、负蝽科、蝎蝽科、划蝽科等类群昆虫能捕食鱼卵、鱼苗，是渔业生产上的害虫。一些蝽类则是农林害虫的天敌，如东亚小花蝽可以捕食蔬菜和果树上的蚜虫、蓟马等许多害虫，部分猎蝽能捕食多种鳞翅目害虫，现在已被工厂化繁育，用于防治害虫。少部分蝽类昆虫如水黾和九香虫等是传统的中药药材，用来医治外伤、肝病、肾病、胃病等。

　　本书提供了包括长蝽科、蝽科、地长蝽科、兜蝽科、盾蝽科、龟蝽科、红蝽科、花蝽科、姬蝽科、姬缘蝽科、荔蝽科、猎蝽科、盲蝽科、黾蝽科、跷蝽科、同蝽科、土蝽科、网蝽科、蝎蝽科、缘蝽科和蛛缘蝽科共21科100种常见蝽类昆虫的生态照片430幅，其中83种鉴定到种，17种到属。图册除提供每种昆虫的中文名称和学名外，每张图片均标注了拍摄时间和地点，最后附有中文名称和学名索引。图册中物种的编排，对于不同的科，按照汉语拼音的顺序排列；在每个科里，为便于同一属的种类放在一起，按物种的学名顺序排列。书中所有照片均由张润志拍摄，物种名称由彩万志鉴定。

　　本书部分图片的拍摄和图册的出版，得到了国家科技基础资源调查专项"主要草原区有害昆虫多样性调查（编号2019FY100400）"的支持。

在物种的鉴定过程中，特别得到李虎、陈卓等同行的大力帮助，在此表示衷心感谢！

张润志　彩万志

2021年11月30日

目 录 Contents

长蝽科 Lygaeidae

1. 角红长蝽 *Lygaeus hanseni* Jakovlev

2020 年 7 月 31 日，北京延庆区广积屯

2020 年 7 月 31 日，北京延庆区广积屯

2020 年 8 月 16 日，北京延庆区四海镇

2020 年 7 月 19 日，北京门头沟区妙峰山

2020 年 7 月 19 日，北京门头沟区妙峰山

1. 角红长蝽 *Lygaeus hanseni* Jakovlev　003

长蝽科 **Lygaeidae**

2. 谷子小长蝽 *Nysius ericae* (Schilling)

2021 年 6 月 26 日，北京朝阳区奥森公园

2021 年 8 月 13 日，北京顺义区衙门村

长蝽科 Lygaeidae

3. 小长蝽 *Nysius* sp.

2020 年 8 月 5 日，北京通州区

2019 年 10 月 23 日，北京顺义区首都机场，机窗

长蝽科

< 小长蝽

蝽　科
地长蝽科
兜蝽科
盾蝽科
龟蝽科
红蝽科
花蝽科
姬蝽科
姬缘蝽科
荔蝽科
猎蝽科
盲蝽科
黾蝽科
跷蝽科
同蝽科
土蝽科
网蝽科
蝎蝽科
缘蝽科
蛛缘蝽科

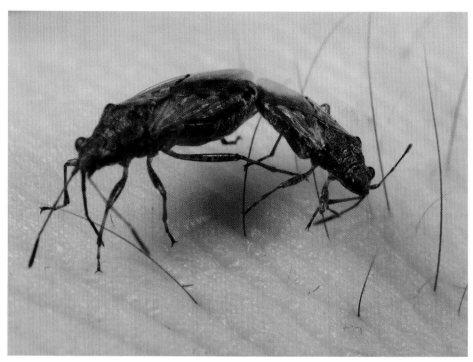

2020 年 7 月 27 日，江苏扬州市

2020 年 7 月 27 日，江苏扬州市

2017 年 9 月 28 日，云南玉溪市

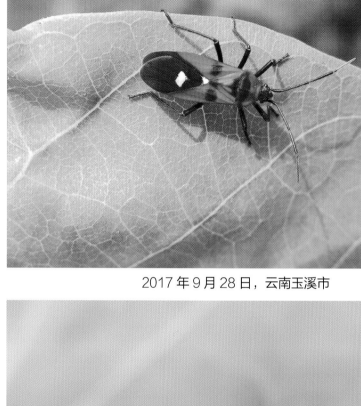

2017 年 9 月 28 日，云南玉溪市

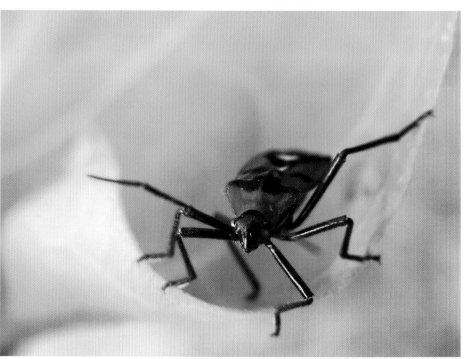

2017 年 9 月 28 日，云南玉溪市

长蝽科 **Lygaeidae**

5. 扁撒长蝽 *Sadoletus planus* Gao & Malipatil

2017年9月28日，云南玉溪市

2017年9月28日，云南玉溪市

長蝽科

< 扁撒长蝽

蝽　科
地长蝽科
兜蝽科
盾蝽科
龟蝽科
红蝽科
花蝽科
姬蝽科
姬缘蝽科
荔蝽科
猎蝽科
盲蝽科
龟蝽科
跷蝽科
同蝽科
土蝽科
网蝽科
蝎蝽科
缘蝽科
蛛缘蝽科

长蝽科　Lygaeidae

6. 红脊长蝽　*Tropidothorax elegans* (Distant)

2020 年 7 月 16 日，北京朝阳区奥森公园

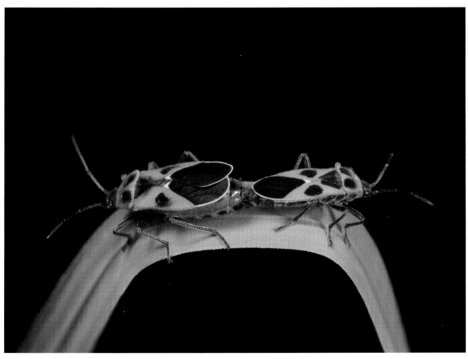

2020 年 7 月 16 日，北京朝阳区奥森公园

2020 年 7 月 16 日，北京朝阳区奥森公园

6. 红脊长蝽　*Tropidothorax elegans* (Distant)　011

2020 年 7 月 16 日，北京朝阳区奥森公园

2006 年 6 月 26 日，北京海淀区中关村

2006年6月26日，北京海淀区中关村，若虫

2006年6月26日，北京海淀区中关村，若虫

6. 红脊长蝽　*Tropidothorax elegans* (Distant)　013

2006 年 6 月 26 日，北京海淀区中关村，若虫

2006 年 6 月 26 日，北京海淀区中关村，若虫

2019 年 10 月 19 日，天津宝坻区

长蜻科

< 红脊长蜻

蜻　科
地长蜻科
兜蜻科
盾蜻科
龟蜻科
红蜻科
花蜻科
姬蜻科
姬缘蜻科
荔蜻科
猎蜻科
盲蜻科
鼋蜻科
跷蜻科
同蜻科
土蜻科
网蜻科
蝎蜻科
缘蜻科
蛛缘蜻科

6. 红脊长蜻　*Tropidothorax elegans* (Distant)　015

2017 年 7 月 29 日，天津宝坻区

2017 年 7 月 29 日，天津宝坻区

2017 年 10 月 6 日，天津宝坻区

2017 年 10 月 6 日，天津宝坻区

2017 年 10 月 6 日，天津宝坻区

2017 年 10 月 6 日，天津宝坻区

2017 年 10 月 6 日，天津宝坻区

2017 年 10 月 19 日，天津宝坻区

长蝽科

< 红脊长蝽

蝽　科

地长蝽科

兜蝽科

盾蝽科

龟蝽科

红蝽科

花蝽科

姬蝽科

姬缘蝽科

荔蝽科

猎蝽科

盲蝽科

鼋蝽科

跷蝽科

同蝽科

土蝽科

网蝽科

蝎蝽科

缘蝽科

蛛缘蝽科

长蝽科

红脊长蝽 >

蝽　科

地长蝽科

兜蝽科

盾蝽科

龟蝽科

红蝽科

花蝽科

姬蝽科

姬缘蝽科

荔蝽科

猎蝽科

盲蝽科

鼋蝽科

跷蝽科

同蝽科

土蝽科

网蝽科

蝎蝽科

缘蝽科

蛛缘蝽科

2017 年 10 月 28 日，天津宝坻区

2017 年 10 月 28 日，天津宝坻区

蝽科 **Pentatomidae**

7. 华麦蝽 *Aelia fieberi* Scott

2021 年 7 月 26 日，北京朝阳区大屯路

长蝽科

蝽 科

< **华麦蝽**

地长蝽科

兜蝽科

盾蝽科

龟蝽科

红蝽科

花蝽科

姬蝽科

姬缘蝽科

荔蝽科

猎蝽科

盲蝽科

黾蝽科

跷蝽科

同蝽科

土蝽科

网蝽科

蝎蝽科

缘蝽科

蛛缘蝽科

2021 年 7 月 26 日，北京朝阳区大屯路

2021 年 7 月 26 日，北京朝阳区大屯路

蝽科 **Pentatomidae**

8. 蠋蝽 *Arma custos* (Fabricius)

2017年10月19日，北京延庆区红叶岭

2017年10月19日，北京延庆区红叶岭

蝽科 *Pentatomidae*

9. 弯角辉蝽　*Carbula abbreviate* (Motschulsky)

2015 年 6 月 17 日，吉林延吉市

蝽科 **Pentatomidae**

10. 北方辉蝽　*Carbula putoni* (Jakovlev)

2020 年 8 月 16 日，北京延庆区四海镇

2020 年 8 月 16 日，北京延庆区四海镇

2020 年 8 月 16 日，北京延庆区四海镇

2020 年 8 月 16 日，北京延庆区四海镇

蝽科 **Pentatomidae**

11. 朝鲜果蝽 *Carpocoris coreanus* Distant

长蝽科

蝽 科

< 朝鲜果蝽

地长蝽科

兜蝽科

盾蝽科

龟蝽科

红蝽科

花蝽科

姬蝽科

姬缘蝽科

荔蝽科

猎蝽科

盲蝽科

黾蝽科

跷蝽科

同蝽科

土蝽科

网蝽科

蝎蝽科

缘蝽科

蛛缘蝽科

2016 年 7 月 29 日，新疆塔城市巴克图口岸

12. 东亚果蝽 *Carpocoris seidenstueckeri* Tamanini

2012 年 6 月 17 日，北京门头沟区妙峰山

13. 朔蝽 *Codophila varia* (Fabricius)

长蝽科

蝽 科

< 朔蝽

地长蝽科

兜蝽科

盾蝽科

龟蝽科

红蝽科

花蝽科

姬蝽科

姬缘蝽科

荔蝽科

猎蝽科

盲蝽科

黾蝽科

跷蝽科

同蝽科

土蝽科

网蝽科

蝎蝽科

缘蝽科

蛛缘蝽科

2016 年 7 月 29 日，新疆塔城市巴克图口岸

2016 年 7 月 29 日，新疆塔城市巴克图口岸

2016 年 7 月 29 日，新疆塔城市巴克图口岸

2016 年 7 月 29 日，新疆塔城市巴克图口岸

长蝽科

蝽 科

< 朔蝽

地长蝽科
兜蝽科
盾蝽科
龟蝽科
红蝽科
花蝽科
姬蝽科
姬缘蝽科
荔蝽科
猎蝽科
盲蝽科
黾蝽科
跷蝽科
同蝽科
土蝽科
网蝽科
蝎蝽科
缘蝽科
蛛缘蝽科

2016 年 7 月 29 日，新疆塔城市巴克图口岸

13. 朔蝽 *Codophila varia* (Fabricius)   031

蝽科　*Pentatomidae*

14. 斑须蝽　*Dolycoris baccarum* (Linnaeus)

长蝽科

蝽　科

斑须蝽　>

地长蝽科

兜蝽科

盾蝽科

龟蝽科

红蝽科

花蝽科

姬蝽科

姬缘蝽科

荔蝽科

猎蝽科

盲蝽科

黾蝽科

跷蝽科

同蝽科

土蝽科

网蝽科

蝎蝽科

缘蝽科

蛛缘蝽科

2015 年 5 月 2 日，天津宝坻区周良庄

2015 年 5 月 2 日，天津宝坻区周良庄

2020 年 7 月 4 日，北京昌平区老君堂

2021 年 8 月 22 日，北京朝阳区奥森公园

14. 斑须蝽 *Dolycoris baccarum* (Linnaeus)　　033

2021 年 7 月 21 日，北京朝阳区大屯路

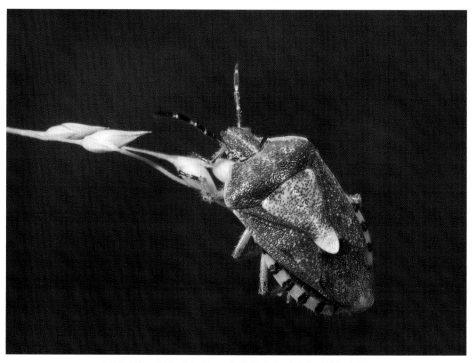

2021 年 8 月 13 日，北京怀柔区城市森林公园

2020 年 7 月 4 日，北京怀柔区黄花城

2021 年 8 月 13 日，北京顺义区衙门村

长蝽科

蝽 科

< **斑须蝽**

地长蝽科

兜蝽科

盾蝽科

龟蝽科

红蝽科

花蝽科

姬蝽科

姬缘蝽科

荔蝽科

猎蝽科

盲蝽科

黾蝽科

跷蝽科

同蝽科

土蝽科

网蝽科

蝎蝽科

缘蝽科

蛛缘蝽科

14. 斑须蝽 *Dolycoris baccarum* (Linnaeus)　　035

2021 年 8 月 13 日，北京顺义区衙门村

2020 年 7 月 31 日，北京延庆区广积屯

2020 年 7 月 31 日，北京延庆区广积屯

长蝽科

蝽 科

< 斑须蝽

地长蝽科

兜蝽科

盾蝽科

龟蝽科

红蝽科

花蝽科

姬蝽科

姬缘蝽科

荔蝽科

猎蝽科

盲蝽科

黾蝽科

跷蝽科

同蝽科

土蝽科

网蝽科

蝎蝽科

缘蝽科

蛛缘蝽科

2021 年 6 月 22 日，辽宁阜新市，若虫

2021 年 6 月 22 日，辽宁阜新市，若虫

蝽科 **Pentatomidae**

15. 麻皮蝽 *Erthesina fullo* (Thunberg)

2020 年 7 月 27 日，江苏扬州市

2020 年 7 月 27 日，江苏扬州市

長蝽科

蝽　科

麻皮蝽 ＞

地长蝽科

兜蝽科

盾蝽科

龟蝽科

红蝽科

花蝽科

姬蝽科

姬缘蝽科

荔蝽科

猎蝽科

盲蝽科

黾蝽科

跷蝽科

同蝽科

土蝽科

网蝽科

蝎蝽科

缘蝽科

蛛缘蝽科

2020 年 7 月 27 日，江苏扬州市

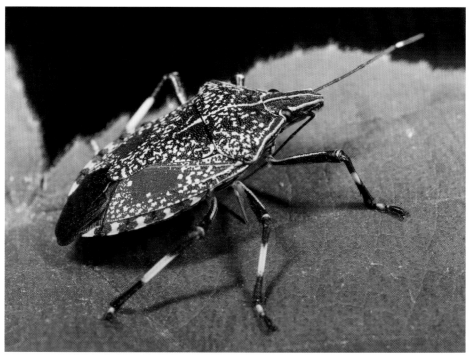

2021 年 8 月 28 日，天津蓟州区邦均镇

2021年7月30日，贵州兴义市

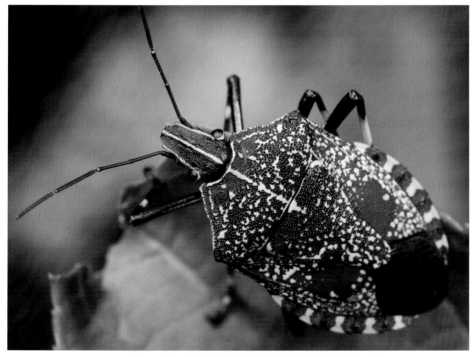

2021年7月30日，贵州兴义市

2014 年 5 月 30 日，贵州贵阳市花溪区，若虫

2014 年 5 月 30 日，贵州贵阳市花溪区，若虫

蝽科 **Pentatomidae**

16. 河北菜蝽 *Eurydema dominulus* (Scopoli)

2014 年 4 月 12 日，北京顺义区衙门村

长蝽科

蝽　科

< 河北菜蝽

地长蝽科

兜蝽科

盾蝽科

龟蝽科

红蝽科

花蝽科

姬蝽科

姬缘蝽科

荔蝽科

猎蝽科

盲蝽科

黾蝽科

跷蝽科

同蝽科

土蝽科

网蝽科

蝎蝽科

缘蝽科

蛛缘蝽科

2014 年 4 月 12 日，北京顺义区衙门村

2020 年 6 月 24 日，北京昌平区沙河水库

2006年5月21日，北京海淀区翠湖湿地公园

长蝽科

蝽　科

< 河北菜蝽

地长蝽科

兜蝽科

盾蝽科

龟蝽科

红蝽科

花蝽科

姬蝽科

姬缘蝽科

荔蝽科

猎蝽科

盲蝽科

黾蝽科

跷蝽科

同蝽科

土蝽科

网蝽科

蝎蝽科

缘蝽科

蛛缘蝽科

2020年7月31日，北京延庆区广积屯

2020 年 8 月 15 日，天津宝坻区

2015 年 6 月 19 日，吉林安图县松江镇

2013 年 8 月 27 日，北京顺义区，若虫

2006 年 5 月 21 日，北京海淀区翠湖湿地公园

2006 年 5 月 21 日，北京海淀区翠湖湿地公园

2010年6月6日，新疆尉犁县

蝽科 **Pentatomidae**

19. 赤条蝽 *Graphosoma lineatum* (Linnaeus)

长蝽科

蝽　科

赤条蝽 >

地长蝽科

兜蝽科

盾蝽科

龟蝽科

红蝽科

花蝽科

姬蝽科

姬缘蝽科

荔蝽科

猎蝽科

盲蝽科

黾蝽科

跷蝽科

同蝽科

土蝽科

网蝽科

蝎蝽科

缘蝽科

蛛缘蝽科

2011 年 6 月 20 日，北京顺义区衙门村

蝽科 **Pentatomidae**

20. 茶翅蝽 *Halyomorpha halys* (Fabricius)

2021 年 8 月 22 日，北京朝阳区奥森公园

2019 年 6 月 22 日，北京平谷区诺亚农场

2014 年 9 月 1 日，河北乐亭县

2014 年 9 月 1 日，河北乐亭县

2017年5月28日，天津宝坻区，卵壳和初孵若虫

2017年5月28日，天津宝坻区，卵壳

长蝽科

蝽 科

< 茶翅蝽

地长蝽科

兜蝽科

盾蝽科

龟蝽科

红蝽科

花蝽科

姬蝽科

姬缘蝽科

荔蝽科

猎蝽科

盲蝽科

黾蝽科

跷蝽科

同蝽科

土蝽科

网蝽科

蝎蝽科

缘蝽科

蛛缘蝽科

2017 年 5 月 28 日，天津宝坻区，若虫

2017 年 7 月 9 日，天津宝坻区，若虫

2020 年 7 月 25 日，天津宝坻区，若虫

2020 年 7 月 25 日，天津宝坻区，若虫

2020 年 7 月 25 日，天津宝坻区，若虫

2020 年 7 月 25 日，天津宝坻区，若虫

2020年7月25日，天津宝坻区，若虫

2021年8月15日，北京昌平区沙河水库，若虫

2011 年 6 月 15 日，北京海淀区卧佛寺，若虫

2017 年 10 月 19 日，北京延庆区八达岭林场，若虫

2018 年 8 月 30 日，北京海淀区卧佛寺，若虫

2013 年 9 月 8 日，北京海淀区温泉，若虫

20. 茶翅蝽 *Halyomorpha halys* (Fabricius)　　**059**

2013 年 9 月 8 日，北京海淀区温泉，若虫

2019 年 8 月 21 日，北京怀柔区，若虫

2013 年 8 月 27 日，北京顺义区，若虫

2013 年 8 月 27 日，北京顺义区，若虫

20. 茶翅蝽 *Halyomorpha halys* (Fabricius) 　　061

2017 年 10 月 19 日，北京延庆区八达岭林场，若虫

2017 年 10 月 19 日，北京延庆区红叶岭，若虫

2018 年 8 月 29 日，北京延庆区松山

2014 年 7 月 22 日，北京延庆区水关长城

2013 年 10 月 4 日，河北迁西县青山关

2013 年 10 月 4 日，河北迁西县青山关

22. 紫蓝曼蝽 *Menida violacea* Motschulsky　　065

2013 年 10 月 4 日，河北迁西县青山关

2013 年 10 月 4 日，河北迁西县青山关

蝽科 **Pentatomidae**

23. 绿蝽 1 *Nezara* sp.1

2016 年 7 月 12 日，韩国首尔，若虫

2016 年 7 月 12 日，韩国首尔，若虫

蝽科 **Pentatomidae**

24. 绿蝽 2　*Nezara* sp.2

2013 年 9 月 1 日，贵州天柱县，若虫

2013 年 9 月 1 日，贵州天柱县，若虫

蝽科 Pentatomidae

25. 浩蝽 *Okeanos quelpartensis* Distant

2008 年 9 月 28 日，北京密云区桃源仙谷

2008 年 9 月 28 日，北京密云区桃源仙谷

长蝽科

蝽 科

< 浩蝽

地长蝽科

兜蝽科

盾蝽科

龟蝽科

红蝽科

花蝽科

姬蝽科

姬缘蝽科

荔蝽科

猎蝽科

盲蝽科

黾蝽科

跷蝽科

同蝽科

土蝽科

网蝽科

蝎蝽科

缘蝽科

蛛缘蝽科

蝽科 **Pentatomidae**

26. 碧蝽 *Palomena* sp.

2018 年 7 月 21 日，西藏拉萨市达孜区

2018 年 7 月 21 日，西藏拉萨市达孜区

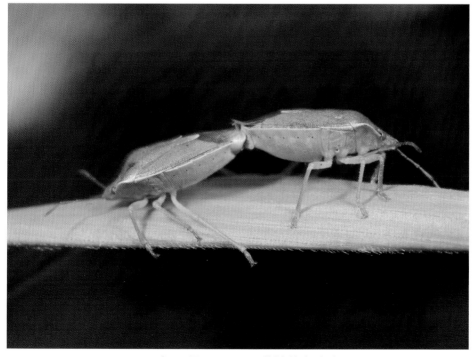

2018 年 7 月 21 日，西藏拉萨市达孜区

长蝽科

蝽　科

< 碧蝽

地长蝽科

兜蝽科

盾蝽科

龟蝽科

红蝽科

花蝽科

姬蝽科

姬缘蝽科

荔蝽科

猎蝽科

盲蝽科

黾蝽科

跷蝽科

同蝽科

土蝽科

网蝽科

蝎蝽科

缘蝽科

蛛缘蝽科

26. 碧蝽　*Palomena* sp.　071

蝽科 **Pentatomidae**

27. 宽碧蝽 *Palomena viridissima* (Poda)

2014 年 7 月 22 日，北京延庆区水关长城

2014 年 7 月 22 日，北京延庆区水关长城

蝽科 *Pentatomidae*

28. 褐真蝽 *Pentatoma semiannulata* (Motschulsky)

2020 年 8 月 16 日，北京延庆区四海镇

2020 年 8 月 16 日，北京延庆区四海镇

2020 年 8 月 16 日，北京延庆区四海镇

2020 年 8 月 16 日，北京延庆区四海镇

蝽科 **Pentatomidae**

29. 并蝽 *Pinthaeus sanguinipes* (Fabricius)

2020 年 8 月 16 日，北京延庆区四海镇

2015 年 6 月 18 日，吉林延吉市

蝽科 **Pentatomidae**

30. 斯氏珀蝽 *Plautia stali* Scott

2019 年 6 月 1 日，北京海淀区卧佛寺

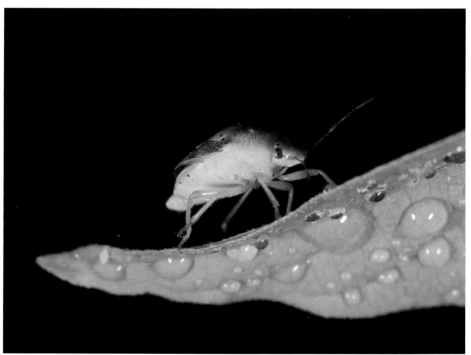

2018 年 8 月 30 日，北京海淀区卧佛寺

2019年6月1日，北京海淀区卧佛寺

2018年8月30日，北京海淀区卧佛寺

2018 年 8 月 30 日，北京海淀区卧佛寺

2018 年 8 月 30 日，北京海淀区卧佛寺

蝽科 Pentatomidae

31. 短刺润蝽 *Rhaphigaster brevispina* Horváth

长蝽科

蝽　科

< 短刺润蝽

地长蝽科

兜蝽科

盾蝽科

龟蝽科

红蝽科

花蝽科

姬蝽科

姬缘蝽科

荔蝽科

猎蝽科

盲蝽科

黾蝽科

跷蝽科

同蝽科

土蝽科

网蝽科

蝎蝽科

缘蝽科

蛛缘蝽科

2016 年 7 月 29 日，新疆塔城市巴克图口岸

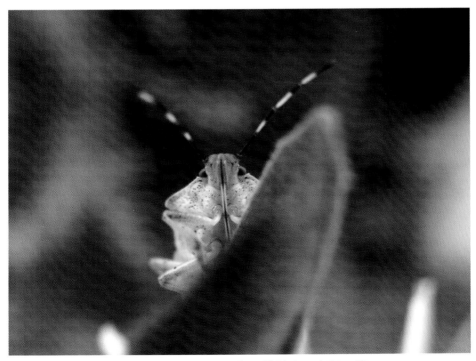

2016 年 7 月 29 日，新疆塔城市巴克图口岸

31. 短刺润蝽 *Rhaphigaster brevispina* Horváth　　079

2014 年 4 月 12 日，北京顺义区衙门村

2014 年 4 月 12 日，北京顺义区衙门村

2020 年 6 月 25 日，北京密云区达峪村

2020 年 6 月 25 日，北京密云区达峪村

2020 年 6 月 25 日，北京密云区达峪村

2020 年 6 月 25 日，北京密云区达峪村

2020 年 7 月 13 日，北京朝阳区大屯路

2020 年 7 月 13 日，北京朝阳区大屯路

长蝽科

蝽　科

地长蝽科

< 白斑地长蝽

兜蝽科

盾蝽科

龟蝽科

红蝽科

花蝽科

姬蝽科

姬缘蝽科

荔蝽科

猎蝽科

盲蝽科

黾蝽科

跷蝽科

同蝽科

土蝽科

网蝽科

蝎蝽科

缘蝽科

蛛缘蝽科

兜蝽科 **Dinidoridae**

34. 大皱蝽 *Cyclopelta obscura* (Lepeletier & Serville)

2015 年 9 月 9 日，贵州贵阳市花溪区

2015年9月9日，贵州贵阳市花溪区

长蝽科

蝽　科

地长蝽科

兜蝽科

< **大皱蝽**

盾蝽科

龟蝽科

红蝽科

花蝽科

姬蝽科

姬缘蝽科

荔蝽科

猎蝽科

盲蝽科

黾蝽科

跷蝽科

同蝽科

土蝽科

网蝽科

蝎蝽科

缘蝽科

蛛缘蝽科

2015年9月9日，贵州贵阳市花溪区

34. 大皱蝽 *Cyclopelta obscura* (Lepeletier & Serville)　　085

长蝽科

蝽　科

地长蝽科

兜蝽科

盾蝽科

金绿宽盾蝽 >

龟蝽科

红蝽科

花蝽科

姬蝽科

姬缘蝽科

荔蝽科

猎蝽科

盲蝽科

黾蝽科

跷蝽科

同蝽科

土蝽科

网蝽科

蝎蝽科

缘蝽科

蛛缘蝽科

2017 年 5 月 24 日，北京海淀区百望山

2014 年 7 月 22 日，北京延庆区水关长城

2017年5月24日，北京海淀区百望山

2017年5月24日，北京海淀区百望山

长蝽科

蝽 科

地长蝽科

兜蝽科

盾蝽科

< **金绿宽盾蝽**

龟蝽科

红蝽科

花蝽科

姬蝽科

姬缘蝽科

荔蝽科

猎蝽科

盲蝽科

鼋蝽科

跷蝽科

同蝽科

土蝽科

网蝽科

蝎蝽科

缘蝽科

蛛缘蝽科

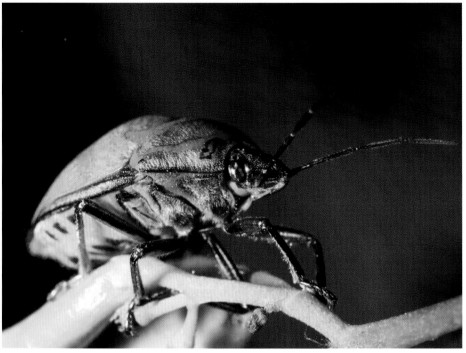

2014 年 7 月 22 日，北京延庆区水关长城

2014 年 7 月 22 日，北京延庆区水关长城

2012年5月16日，北京海淀区阳台山，若虫

2018年5月30日，北京海淀区卧佛寺，若虫

长蝽科
蝽　科
地长蝽科
兜蝽科
盾蝽科
‹**金绿宽盾蝽**
龟蝽科
红蝽科
花蝽科
姬蝽科
姬缘蝽科
荔蝽科
猎蝽科
盲蝽科
黾蝽科
跷蝽科
同蝽科
土蝽科
网蝽科
蝎蝽科
缘蝽科
蛛缘蝽科

2018 年 9 月 6 日，北京房山区浦洼乡

2018 年 9 月 6 日，北京房山区浦洼乡

龟蝽科 **Plataspidae**

36. 双痣圆龟蝽 *Coptosoma biguttula* Motschulsky

2021年6月28日，北京门头沟区妙峰山

2021年6月28日，北京门头沟区妙峰山

2021年6月28日，北京门头沟区妙峰山

2020 年 6 月 25 日，北京密云区达峪村

2020 年 6 月 25 日，北京密云区达峪村

长蝽科

蝽　科

地长蝽科

兜蝽科

盾蝽科

龟蝽科

< **双痣圆龟蝽**

红蝽科

花蝽科

姬蝽科

姬缘蝽科

荔蝽科

猎蝽科

盲蝽科

黾蝽科

跷蝽科

同蝽科

土蝽科

网蝽科

蝎蝽科

缘蝽科

蛛缘蝽科

2021 年 3 月 25 日，广东广州市增城区，土蜜树

2021年3月25日，广东广州市增城区，土蜜树

2021年3月25日，广东广州市增城区，土蜜树

37. 类变圆龟蝽 *Coptosoma simillimum* Hsiao & Jen 095

2021年3月25日，广东广州市增城区，土蜜树

2021年3月26日，广东广州市增城区，土蜜树

红蝽科 **Pyrrhocoridae**

38. 联斑棉红蝽 *Dysdercus poecilus* (Herrich-Schaeffer)

2017年9月28日，云南玉溪市

2017 年 9 月 28 日，云南玉溪市

2017 年 9 月 28 日，云南玉溪市

红蝽科 **Pyrrhocoridae**

39. 始红蝽 *Pyrrhocoris apterus* (Linnaeus)

2017 年 9 月 23 日，新疆吐鲁番市

2011 年 9 月 25 日，塔吉克斯坦杜尚别

2011 年 9 月 25 日，塔吉克斯坦杜尚别

2011 年 9 月 25 日，塔吉克斯坦杜尚别

红蝽科 **Pyrrhocoridae**

40. 地红蝽 *Pyrrhocoris sibiricus* Kuschakewitsch

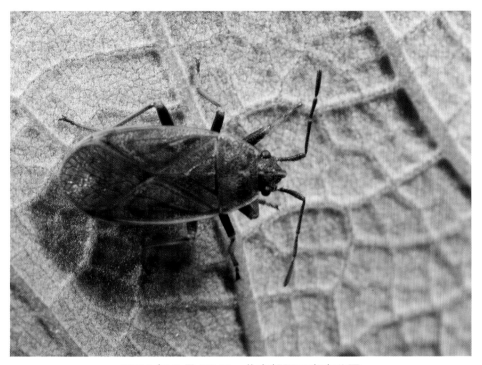

2021 年 8 月 22 日，北京朝阳区奥森公园

2021 年 8 月 22 日，北京朝阳区奥森公园

长蝽科
蝽　科
地长蝽科
兜蝽科
盾蝽科
龟蝽科
红蝽科

< 地红蝽

花蝽科
姬蝽科
姬缘蝽科
荔蝽科
猎蝽科
盲蝽科
龟蝽科
跷蝽科
同蝽科
土蝽科
网蝽科
蝎蝽科
缘蝽科
蛛缘蝽科

2020 年 8 月 30 日，北京怀柔区黄花城

2018 年 7 月 18 日，西藏林芝市

2020 年 5 月 18 日，北京海淀区板井路

长蝽科

蝽　科

地长蝽科

兜蝽科

盾蝽科

龟蝽科

红蝽科

花蝽科

< 东亚小花蝽

姬蝽科

姬缘蝽科

荔蝽科

猎蝽科

盲蝽科

黾蝽科

跷蝽科

同蝽科

土蝽科

网蝽科

蝎蝽科

缘蝽科

蛛缘蝽科

42. 山高姬蝽 *Gorpis brevilineatus* (Scott)

2018 年 8 月 29 日，北京延庆区松山，若虫

2018 年 8 月 29 日，北京延庆区松山，若虫

2018 年 8 月 29 日，北京延庆区松山，若虫

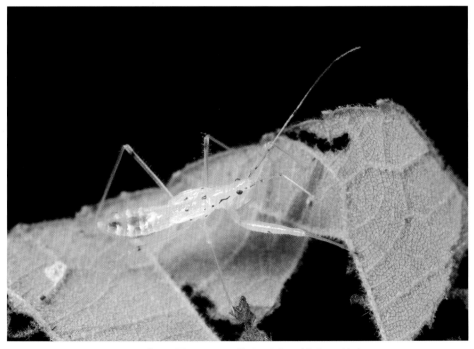

2018 年 8 月 29 日，北京延庆区松山，若虫

长蝽科
蝽 科
地长蝽科
兜蝽科
盾蝽科
龟蝽科
红蝽科
花蝽科
姬蝽科
< **山高姬蝽**
姬缘蝽科
荔蝽科
猎蝽科
盲蝽科
黾蝽科
跷蝽科
同蝽科
土蝽科
网蝽科
蝎蝽科
缘蝽科
蛛缘蝽科

姬蝽科　**Nabidae**

43. 姬蝽　*Nabis* sp.

2014 年 10 月 7 日，北京朝阳区奥运村，若虫

2014 年 10 月 7 日，北京朝阳区奥运村，若虫

姬缘蝽科 **Rhopalidae**

44. 亚姬缘蝽 *Corizus tetraspilus* Horváth

2018 年 7 月 18 日，西藏林芝市

2018 年 7 月 18 日，西藏林芝市

姬缘蝽科 **Rhopalidae**

45. 点伊缘蝽 *Rhopalus latus* (Jakovlev)

2018 年 7 月 18 日，西藏林芝市

2018 年 7 月 18 日，西藏林芝市

姬缘蝽科 **Rhopalidae**

46. 褐伊缘蝽 *Rhopalus sapporensis* (Matsumura)

2019 年 6 月 1 日，北京海淀区卧佛寺

2020 年 8 月 26 日，重庆北碚区盈田

长蝽科

蝽 科

地长蝽科

兜蝽科

盾蝽科

龟蝽科

红蝽科

花蝽科

姬蝽科

姬缘蝽科

< 褐伊缘蝽

荔蝽科

猎蝽科

盲蝽科

龟蝽科

跷蝽科

同蝽科

土蝽科

网蝽科

蝎蝽科

缘蝽科

蛛缘蝽科

姬缘蝽科　**Rhopalidae**

47. 伊缘蝽　*Rhopalus* sp.

2015 年 6 月 18 日，吉林延吉市

2020 年 9 月 13 日，天津宝坻区周良庄

2021 年 7 月 16 日，北京朝阳区农展馆

长蝽科

蝽 科

地长蝽科

兜蝽科

盾蝽科

龟蝽科

红蝽科

花蝽科

姬蝽科

姬缘蝽科

< **开环缘蝽**

荔蝽科

猎蝽科

盲蝽科

黾蝽科

跷蝽科

同蝽科

土蝽科

网蝽科

蝎蝽科

缘蝽科

蛛缘蝽科

2020 年 8 月 8 日，北京延庆区四海镇

2015 年 6 月 17 日，吉林延吉市

姬缘蝽科 Rhopalidae

49. 环缘蝽 *Stictopleurus* sp.

2015年6月19日，吉林安图县松江镇

荔蝽科 **Tessaratomidae**

50. 荔蝽 *Tessaratoma papillosa* (Drury)

2021 年 7 月 30 日，贵州兴义市，若虫

2021 年 7 月 30 日，贵州兴义市，若虫

2021 年 7 月 30 日，贵州兴义市，若虫

长蝽科

蝽 科

地长蝽科

兜蝽科

盾蝽科

龟蝽科

红蝽科

花蝽科

姬蝽科

姬缘蝽科

荔蝽科

< **荔蝽**

猎蝽科

盲蝽科

黾蝽科

跷蝽科

同蝽科

土蝽科

网蝽科

蝎蝽科

缘蝽科

蛛缘蝽科

50. 荔蝽 *Tessaratoma papillosa* (Drury)　　115

2021 年 7 月 30 日，贵州兴义市，若虫

2021 年 7 月 30 日，贵州兴义市，若虫

猎蝽科 **Reduviidae**

51. 淡带荆猎蝽 *Acanthaspis cincticrus* Stål

2020 年 7 月 4 日，北京昌平区老君堂

2020 年 7 月 4 日，北京昌平区老君堂

2020 年 7 月 4 日，北京昌平区老君堂

52. 中国螳瘤猎蝽　*Cnizocoris sinensis* Kormilev

2018 年 9 月 6 日，北京房山区浦洼乡

2018 年 9 月 6 日，北京房山区浦洼乡

长蝽科
蝽　科
地长蝽科
兜蝽科
盾蝽科
龟蝽科
红蝽科
花蝽科
姬蝽科
姬缘蝽科
荔蝽科

猎蝽科

<**中国螳瘤猎蝽**

盲蝽科
龟蝽科
跷蝽科
同蝽科
土蝽科
网蝽科
蝎蝽科
缘蝽科
蛛缘蝽科

2018 年 9 月 6 日，北京房山区浦洼乡

2020 年 8 月 16 日，北京延庆区四海镇

2020 年 8 月 16 日，北京延庆区四海镇

2020 年 8 月 16 日，北京延庆区四海镇

2015 年 6 月 18 日，吉林延吉市

2015年6月17日，吉林延吉市

2018 年 10 月 16 日，浙江金华市，若虫

2018 年 10 月 16 日，浙江金华市，若虫

2018 年 10 月 16 日，浙江金华市，若虫

55. 轮刺猎蝽 *Scipinia horrida* (Stål)　　125

2018 年 10 月 16 日，浙江金华市，若虫

2018 年 10 月 16 日，浙江金华市，若虫

盲蝽科 **Miridae**

56. 三点苜蓿盲蝽 *Adelphocoris fasciaticollis* Reuter

2020 年 8 月 5 日，北京通州区

2021 年 8 月 13 日，北京怀柔区城市森林公园

2021 年 8 月 13 日，北京怀柔区城市森林公园

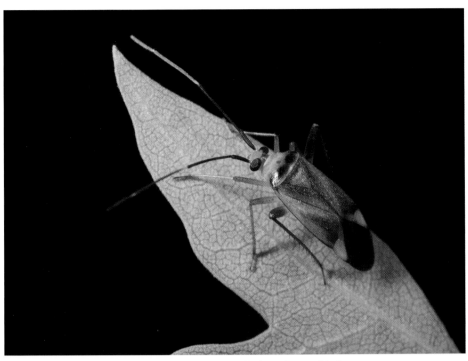

2019 年 8 月 8 日，北京延庆区玉渡山

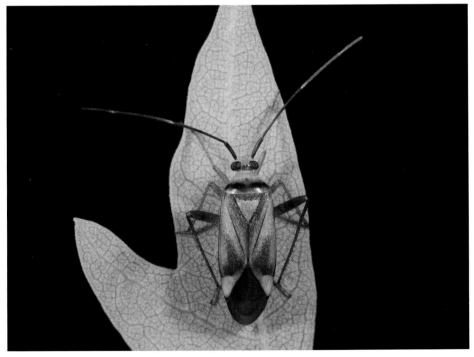

2019 年 8 月 8 日，北京延庆区玉渡山

56. 三点苜蓿盲蝽 *Adelphocoris fasciaticollis* Reuter　　129

57. 斯氏后丽盲蝽 *Apolygus spinolae* (Meyer-Dür)

2020 年 9 月 16 日，北京朝阳区农展馆

2020 年 9 月 16 日，北京朝阳区农展馆

2021 年 10 月 2 日，天津宝坻区

长蝽科
蝽　科
地长蝽科
兜蝽科
盾蝽科
龟蝽科
红蝽科
花蝽科
姬蝽科
姬缘蝽科
荔蝽科
猎蝽科
盲蝽科
＜斯氏后丽盲蝽

黾蝽科
跷蝽科
同蝽科
土蝽科
网蝽科
蝎蝽科
缘蝽科
蛛缘蝽科

长蝽科

蝽　科

地长蝽科

兜蝽科

盾蝽科

龟蝽科

红蝽科

花蝽科

姬蝽科

姬缘蝽科

荔蝽科

猎蝽科

盲蝽科

眼斑厚盲蝽 >

龟蝽科

跷蝽科

同蝽科

土蝽科

网蝽科

蝎蝽科

缘蝽科

蛛缘蝽科

2007 年 7 月 4 日，北京门头沟区

2021 年 8 月 29 日，北京朝阳区大屯路

2021 年 8 月 29 日，北京朝阳区大屯路

长蝽科

蝽　科

地长蝽科

兜蝽科

盾蝽科

龟蝽科

红蝽科

花蝽科

姬蝽科

姬缘蝽科

荔蝽科

猎蝽科

盲蝽科

灰黄厚盲蝽 >

缘蝽科

跷蝽科

同蝽科

土蝽科

网蝽科

蝎蝽科

缘蝽科

蛛缘蝽科

2006 年 9 月 18 日，四川雅安市

盲蝽科 **Miridae**

61. 遮颜盲蝽 *Loristes decoratus* (Reuter)

2015 年 6 月 17 日，吉林延吉市

盲蝽科 Miridae

62. 草盲蝽 1 *Lygus* sp. 1

2015 年 6 月 17 日，吉林延吉市

2015 年 6 月 17 日，吉林延吉市

2015 年 6 月 17 日，吉林延吉市

2015 年 6 月 17 日，吉林延吉市

2020 年 8 月 8 日，北京延庆区四海镇

2020 年 8 月 8 日，北京延庆区四海镇

2020 年 8 月 8 日，北京延庆区四海镇

盲蝽科 Miridae

64. 条赤须盲蝽 *Trigonotylus coelestialium* (Kirkaldy)

长蝽科

蝽　科

地长蝽科

兜蝽科

盾蝽科

龟蝽科

红蝽科

花蝽科

姬蝽科

姬缘蝽科

荔蝽科

猎蝽科

盲蝽科

条赤须盲蝽 >

黾蝽科

跷蝽科

同蝽科

土蝽科

网蝽科

蝎蝽科

缘蝽科

蛛缘蝽科

2014 年 6 月 14 日，北京门头沟区妙峰山

黾蝽科　Gerridae

65. 圆臀大黾蝽　*Aquarius paludum* (Fabricius)

2020 年 7 月 14 日，北京朝阳区奥森公园

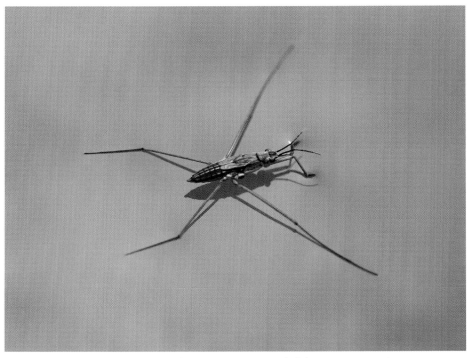

2019 年 7 月 13 日，天津宝坻区

长蝽科

蝽　科

地长蝽科

兜蝽科

盾蝽科

龟蝽科

红蝽科

花蝽科

姬蝽科

姬缘蝽科

荔蝽科

猎蝽科

盲蝽科

黾蝽科

圆臀大黾蝽 >

跷蝽科

同蝽科

土蝽科

网蝽科

蝎蝽科

缘蝽科

蛛缘蝽科

2020 年 7 月 11 日，天津宝坻区

2019 年 8 月 25 日，天津宝坻区

2020 年 7 月 11 日，天津宝坻区

65. 圆臀大黾蝽　*Aquarius paludum* (Fabricius)　　143

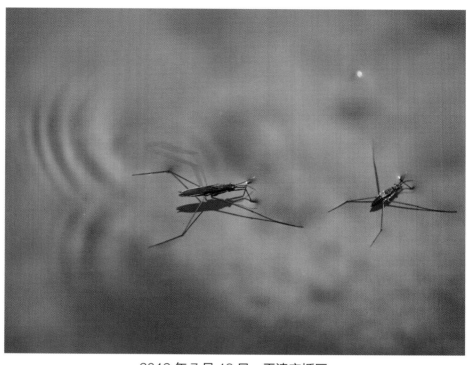

2019 年 7 月 13 日，天津宝坻区

2020 年 7 月 25 日，天津宝坻区

2019 年 7 月 13 日，天津宝坻区

2019 年 7 月 13 日，天津宝坻区

黾蝽科 Gerridae

66. 细角黾蝽 *Gerris gracilicornis* (Horváth)

2015年6月17日，吉林延吉市

2015年6月17日，吉林延吉市

2020 年 7 月 2 日，北京昌平区沙河水库

2020 年 7 月 2 日，北京昌平区沙河水库

2020 年 5 月 31 日，北京昌平区沙河水库

2020 年 5 月 31 日，北京昌平区沙河水库

2020 年 7 月 2 日，北京昌平区沙河水库

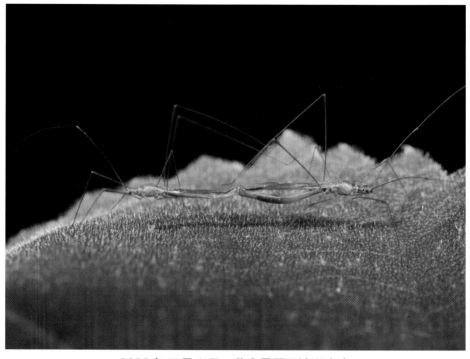

2020 年 7 月 2 日，北京昌平区沙河水库

2020 年 7 月 2 日，北京昌平区沙河水库

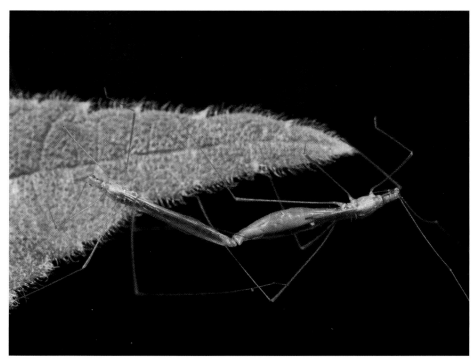

2020年7月2日，北京昌平区沙河水库

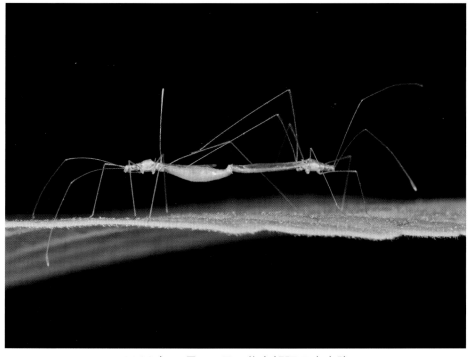

2020年7月17日，北京朝阳区大屯路

2020 年 7 月 17 日，北京朝阳区大屯路

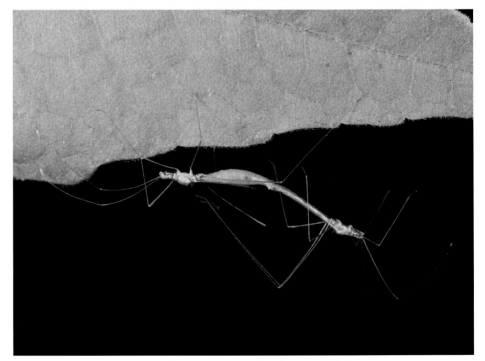

2020 年 7 月 17 日，北京朝阳区大屯路

2020 年 8 月 8 日，北京朝阳区大屯路，若虫

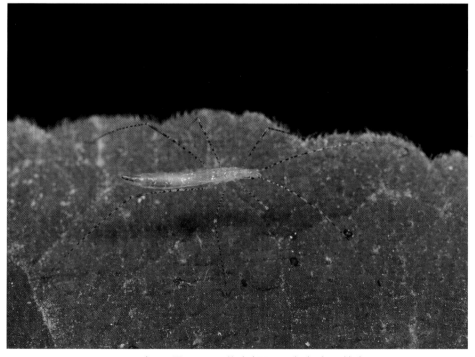

2020 年 8 月 8 日，北京朝阳区大屯路，若虫

長蝽科

蝽　科

地長蝽科

兜蝽科

盾蝽科

龟蝽科

红蝽科

花蝽科

姬蝽科

姬缘蝽科

荔蝽科

猎蝽科

盲蝽科

黾蝽科

跷蝽科

锤肋跷蝽 >

同蝽科

土蝽科

网蝽科

蝎蝽科

缘蝽科

蛛缘蝽科

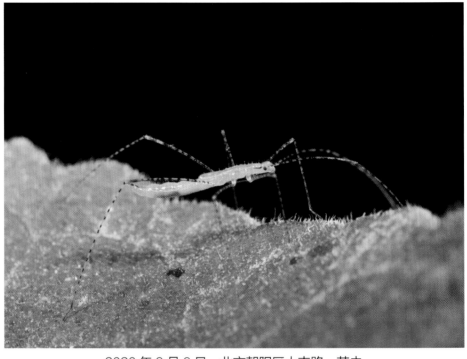

2020 年 8 月 8 日，北京朝阳区大屯路，若虫

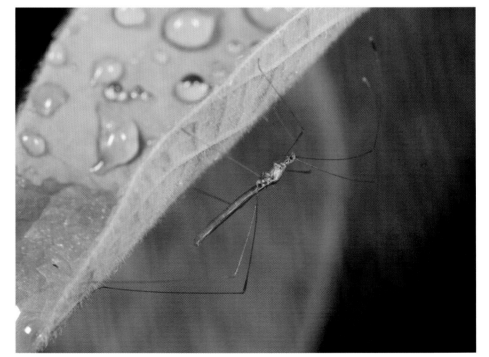

2020 年 7 月 18 日，天津宝坻区

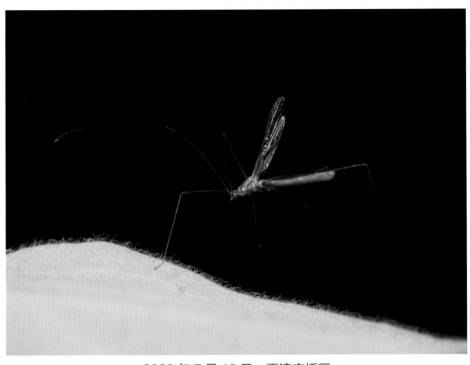

2020 年 7 月 18 日，天津宝坻区

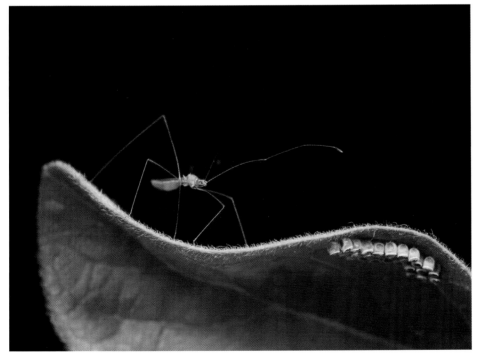

2020 年 7 月 18 日，天津宝坻区，成虫和卵

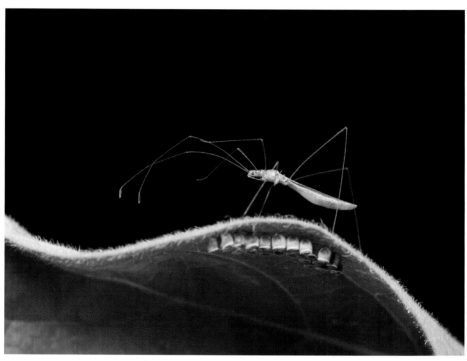

2020 年 7 月 18 日，天津宝坻区，成虫和卵

2020 年 7 月 27 日，江苏扬州市

2015 年 8 月 16 日，黑龙江同江市

2015 年 8 月 16 日，黑龙江同江市

长蝽科
蝽科
地长蝽科
兜蝽科
盾蝽科
龟蝽科
红蝽科
花蝽科
姬蝽科
姬缘蝽科
荔蝽科
猎蝽科
盲蝽科
黾蝽科
跷蝽科
同蝽科

< 细齿同蝽

土蝽科
网蝽科
蝎蝽科
缘蝽科
蛛缘蝽科

2018 年 8 月 18 日，黑龙江抚远市

2018 年 8 月 18 日，黑龙江抚远市

同蝽科 **Acanthosomatidae**

69. 同蝽 *Acanthosoma* sp.

2012 年 10 月 27 日，四川雅安市蒙顶山

同蝽科 **Acanthosomatidae**

70. 黑背同蝽 *Acanthosoma nigrodorsum* Hsiao & Liu

2005年9月16日，北京门头沟区梨园岭

2005年9月16日，北京门头沟区梨园岭

2005 年 9 月 16 日，北京门头沟区梨园岭

2005 年 9 月 16 日，北京门头沟区梨园岭

70. 黑背同蝽　*Acanthosoma nigrodorsum* Hsiao & Liu　　161

2015 年 6 月 16 日，吉林延吉市

2015 年 6 月 16 日，吉林延吉市

同蝽科 *Acanthosomatidae*

72. 翩翼翘同蝽 *Anaxandra pteridis* Hsiao & Liu

2006 年 9 月 18 日，四川雅安市天全县喇叭河自然保护区

2006 年 9 月 18 日，四川雅安市天全县喇叭河自然保护区

73. 齿匙同蝽 *Elasmucha fieberi* (Jakovlev)

2009年6月21日，北京门头沟区百花山

2009年6月21日，北京门头沟区百花山

2018 年 7 月 19 日，西藏林芝市鲁朗牧场

2018 年 7 月 19 日，西藏林芝市鲁朗牧场

2018 年 7 月 19 日，西藏林芝市鲁朗牧场

2014 年 5 月 27 日，辽宁沈阳市

76. 革土蝽　*Macroscytus* sp.

2020 年 7 月 27 日，江苏扬州市

网蜷科 **Tingidae**

77. 悬铃木方翅网蝽 *Corythucha ciliata* (Say)

2020年6月24日，北京朝阳区大屯路

2015年9月30日，北京朝阳区大屯路

2020 年 6 月 24 日，北京朝阳区大屯路

2020 年 6 月 24 日，北京朝阳区大屯路

2020年6月24日，北京朝阳区大屯路，若虫

2020年8月27日，北京朝阳区大屯路

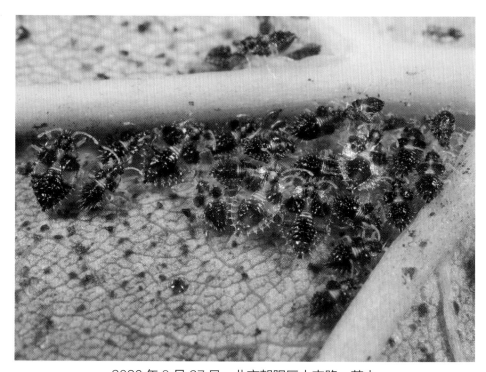

2020 年 8 月 27 日，北京朝阳区大屯路，若虫

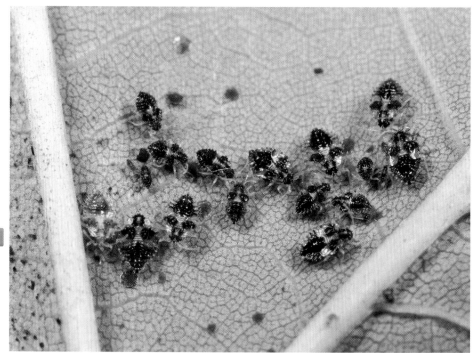

2020 年 8 月 27 日，北京朝阳区大屯路，若虫

2020 年 9 月 12 日，北京朝阳区大屯路

2020 年 9 月 12 日，北京朝阳区大屯路

77. 悬铃木方翅网蝽　*Corythucha ciliata* (Say)　　173

2015 年 9 月 30 日，北京朝阳区大屯路

悬铃木方翅网蝽›

2015 年 9 月 30 日，北京朝阳区大屯路

2015年9月30日，北京朝阳区大屯路

2014年10月6日，北京海淀区上庄水库

长蝽科

蝽科

地长蝽科

兜蝽科

盾蝽科

龟蝽科

红蝽科

花蝽科

姬蝽科

姬缘蝽科

荔蝽科

猎蝽科

盲蝽科

黾蝽科

跷蝽科

同蝽科

土蝽科

网蝽科

<悬铃木方翅网蝽

蝎蝽科

缘蝽科

蛛缘蝽科

悬铃木方翅网蝽

2014 年 10 月 6 日，北京海淀区上庄水库

2014 年 10 月 6 日，北京海淀区上庄水库

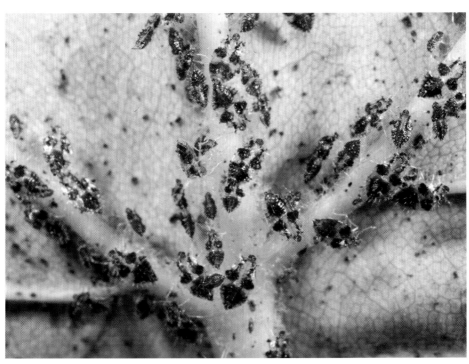

2014 年 10 月 6 日，北京海淀区上庄水库，若虫

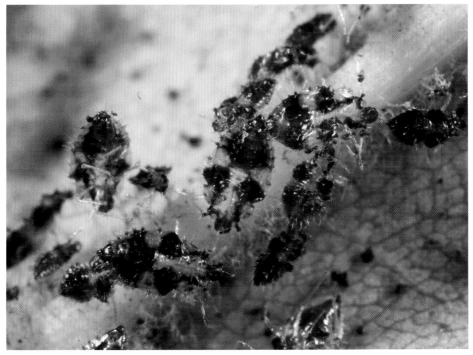

2014 年 10 月 6 日，北京海淀区上庄水库，若虫

长蝽科

蝽 科

地长蝽科

兜蝽科

盾蝽科

龟蝽科

红蝽科

花蝽科

姬蝽科

姬缘蝽科

荔蝽科

猎蝽科

盲蝽科

黾蝽科

跷蝽科

同蝽科

土蝽科

网蝽科

<悬铃木方翅网蝽

蝎蝽科

缘蝽科

蛛缘蝽科

2014 年 10 月 6 日，北京海淀区上庄水库，若虫

2020 年 6 月 28 日，北京通州区云帆路

2020 年 6 月 28 日，北京通州区云帆路

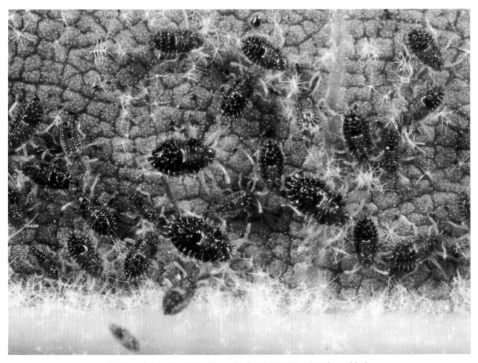
2020 年 6 月 28 日，北京通州区云帆路，若虫

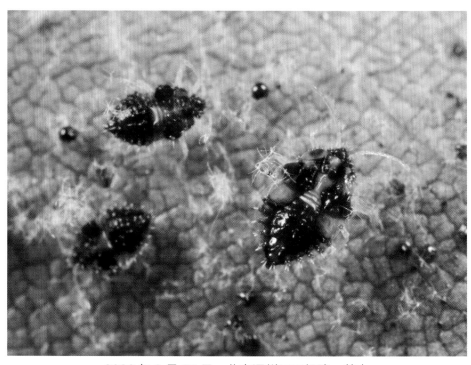

2020年6月28日，北京通州区云帆路，若虫

2013年5月26日，贵州贵阳市花溪区

2013年5月26日，贵州贵阳市花溪区

2013年5月26日，贵州贵阳市花溪区

长蝽科

蝽　科

地长蝽科

兜蝽科

盾蝽科

龟蝽科

红蝽科

花蝽科

姬蝽科

姬缘蝽科

荔蝽科

猎蝽科

盲蝽科

黾蝽科

跷蝽科

同蝽科

土蝽科

网蝽科

蝎蝽科

缘蝽科

蛛缘蝽科

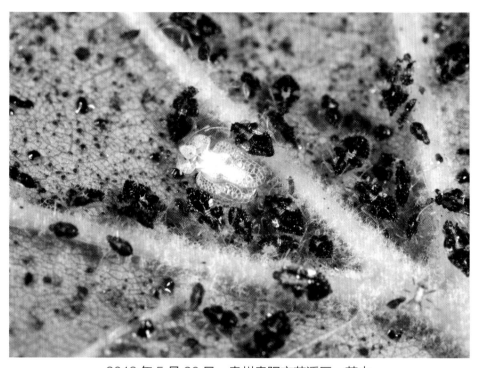

2013 年 5 月 26 日，贵州贵阳市花溪区，若虫

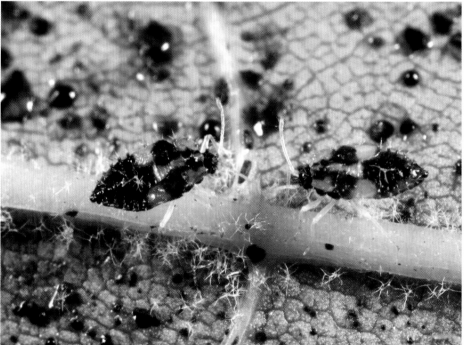

2013 年 5 月 26 日，贵州贵阳市花溪区，若虫

网蜡科 Tingidae

78. 菊方翅网蝽 *Corythucha marmorata* (Uhler)

2018 年 7 月 1 日，上海徐汇区，加拿大一枝黄花

2018 年 7 月 1 日，上海徐汇区，加拿大一枝黄花

2018 年 7 月 1 日，上海徐汇区，加拿大一枝黄花

2018 年 7 月 1 日，上海徐汇区，加拿大一枝黄花

2018 年 7 月 1 日，上海徐汇区，加拿大一枝黄花

长蝽科

蝽　科

地长蝽科

兜蝽科

盾蝽科

龟蝽科

红蝽科

花蝽科

姬蝽科

姬缘蝽科

荔蝽科

猎蝽科

盲蝽科

黾蝽科

跷蝽科

同蝽科

土蝽科

网蝽科

< **菊方翅网蝽**

蝎蝽科

缘蝽科

蛛缘蝽科

78. 菊方翅网蝽 *Corythucha marmorata* (Uhler)　　185

2018 年 7 月 1 日，上海徐汇区，加拿大一枝黄花

2018 年 7 月 1 日，上海徐汇区，加拿大一枝黄花

网蝽科 **Tingidae**

79. 梨冠网蝽 *Stephanitis nashi* Esaki & Takeya

2020 年 4 月 6 日，北京朝阳区大屯路

2020 年 4 月 6 日，北京朝阳区大屯路

2020 年 8 月 15 日，天津宝坻区

2020 年 8 月 15 日，天津宝坻区

2020 年 8 月 15 日，天津宝坻区

2020 年 8 月 15 日，天津宝坻区

2020 年 8 月 15 日，天津宝坻区

2020 年 8 月 15 日，天津宝坻区

2020 年 8 月 15 日，天津宝坻区

2020 年 8 月 15 日，天津宝坻区

79. 梨冠网蝽　*Stephanitis nashi* Esaki & Takeya　191

蝎蝽科　**Nepidae**

80. 日壮蝎蝽　*Laccotrephes japonensis* Scott

长蝽科

蝽　科

地长蝽科

兜蝽科

盾蝽科

龟蝽科

红蝽科

花蝽科

姬蝽科

姬缘蝽科

荔蝽科

猎蝽科

盲蝽科

鼋蝽科

跷蝽科

同蝽科

土蝽科

网蝽科

蝎蝽科

日壮蝎蝽 >

缘蝽科

蛛缘蝽科

2019 年 6 月 23 日，北京海淀区翠湖湿地公园

192　百种蝽类昆虫生态图册

2019 年 6 月 23 日，北京海淀区翠湖湿地公园

2019 年 6 月 23 日，北京海淀区翠湖湿地公园

长蝽科

蝽科

地长蝽科

兜蝽科

盾蝽科

龟蝽科

红蝽科

花蝽科

姬蝽科

姬缘蝽科

荔蝽科

猎蝽科

盲蝽科

黾蝽科

跷蝽科

同蝽科

土蝽科

网蝽科

蝎蝽科

< 日壮蝎蝽

缘蝽科

蛛缘蝽科

缘蝽科 Coreidae

81. 安缘蝽 *Anoplocnemis* sp.

长蝽科

蝽 科

地长蝽科

兜蝽科

盾蝽科

龟蝽科

红蝽科

花蝽科

姬蝽科

姬缘蝽科

荔蝽科

猎蝽科

盲蝽科

黾蝽科

跷蝽科

同蝽科

土蝽科

网蝽科

蝎蝽科

缘蝽科

安缘蝽 >

蛛缘蝽科

2019 年 7 月 18 日，浙江台州市仙居县

2019 年 7 月 18 日，浙江台州市仙居县

2014 年 10 月 6 日，北京海淀区上庄水库

2019 年 6 月 1 日，北京海淀区卧佛寺

长蝽科
蝽　科
地长蝽科
兜蝽科
盾蝽科
龟蝽科
红蝽科
花蝽科
姬蝽科
姬缘蝽科
荔蝽科
猎蝽科
盲蝽科
黾蝽科
跷蝽科
同蝽科
土蝽科
网蝽科
蝎蝽科
缘蝽科

< 稻棘缘蝽

蛛缘蝽科

2020 年 8 月 8 日，北京延庆区四海镇

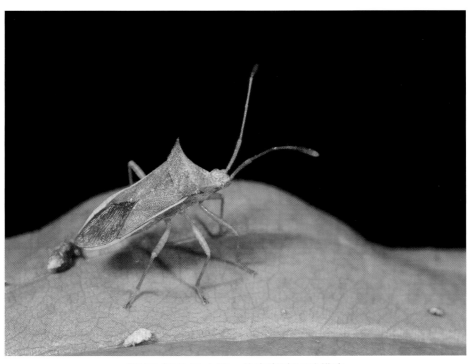

2019 年 6 月 1 日，北京海淀区卧佛寺

2015 年 8 月 5 日，辽宁本溪市桓仁满族自治县五女山

82. 稻棘缘蝽 *Cletus punctiger* (Dallas)　　197

缘蝽科 **Coreidae**

83. 棘缘蝽 1 *Cletus* sp. 1

2013 年 9 月 1 日，贵州天柱县

2013 年 9 月 1 日，贵州天柱县

缘蝽科 Coreidae

84. 棘缘蝽 2 *Cletus* sp. 2

2013 年 9 月 2 日，湖南怀化市会同县

2013 年 9 月 2 日，湖南怀化市会同县

长蝽科
蝽 科
地长蝽科
兜蝽科
盾蝽科
龟蝽科
红蝽科
花蝽科
姬蝽科
姬缘蝽科
荔蝽科
猎蝽科
盲蝽科
黾蝽科
跷蝽科
同蝽科
土蝽科
网蝽科
蝎蝽科
缘蝽科

< **棘缘蝽 2**

蛛缘蝽科

缘蝽科 Coreidae

85. 东方原缘蝽 *Coreus marginatus orientalis* (Kiritshenko)

2015 年 6 月 17 日，吉林延吉市

2014 年 6 月 14 日，北京门头沟区妙峰山

2014 年 6 月 14 日，北京门头沟区妙峰山

长蝽科
蝽 科
地长蝽科
兜蝽科
盾蝽科
龟蝽科
红蝽科
花蝽科
姬蝽科
姬缘蝽科
荔蝽科
猎蝽科
盲蝽科
黾蝽科
跷蝽科
同蝽科
土蝽科
网蝽科
蝎蝽科
缘蝽科
< 波原缘蝽
蛛缘蝽科

2014 年 6 月 14 日，北京门头沟区妙峰山

2009 年 6 月 21 日，北京门头沟区百花山

缘蝽科 **Coreidae**

87. 广腹同缘蝽 *Homoeocerus dilatatus* Horváth

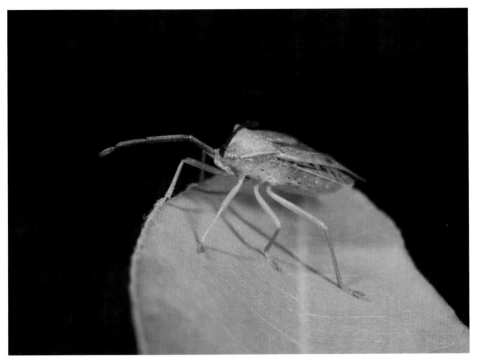

2020 年 7 月 4 日，北京昌平区老君堂

2020 年 7 月 4 日，北京昌平区老君堂

2020 年 7 月 4 日，北京昌平区老君堂

2020 年 6 月 13 日，北京怀柔区黄花城

2020年6月13日，北京怀柔区黄花城

2020年6月13日，北京怀柔区黄花城

2020 年 8 月 8 日，北京延庆区四海镇，若虫

2020 年 8 月 8 日，北京延庆区四海镇，若虫

2020 年 8 月 8 日，北京延庆区四海镇，若虫

缘蝽科 **Coreidae**

88. 纹须同缘蝽 *Homoeocerus striicornis* Scott

2020 年 9 月 21 日，上海浦东新区，若虫

2020 年 9 月 21 日，上海浦东新区，若虫

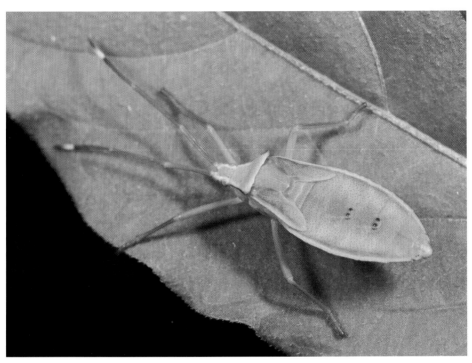

2020 年 9 月 21 日，上海浦东新区，若虫

2020 年 9 月 21 日，上海浦东新区，若虫

88. 纹须同缘蝽　*Homoeocerus striicornis* Scott　209

缘蝽科 Coreidae

89. 环胫黑缘蝽 *Hygia lativentris* (Motschulsky)

2013年6月12日，天津蓟州区盘山

2013 年 6 月 12 日，天津蓟州区盘山

2013 年 6 月 12 日，天津蓟州区盘山

89. 环胫黑缘蝽　*Hygia lativentris* (Motschulsky)　　211

2021 年 5 月 28 日，云南昆明市西山

2021 年 5 月 28 日，云南昆明市西山

2021 年 5 月 28 日，云南昆明市西山

2021 年 5 月 28 日，云南昆明市西山

2021 年 5 月 28 日，云南昆明市西山

缘蝽科 **Coreidae**

91. 褐奇缘蝽 *Molipteryx fuliginosa* (Uhler)

2015年6月19日，吉林安图县松江镇

缘蝽科 Coreidae

92. 锈赭缘蝽 *Ochrochira ferruginea* Hsiao

2018 年 10 月 20 日，云南昆明市呈贡区

2018 年 10 月 20 日，云南昆明市呈贡区

2018 年 10 月 20 日，云南昆明市呈贡区

2018 年 10 月 20 日，云南昆明市呈贡区

2018 年 10 月 20 日，云南昆明市呈贡区

缘蝽科 Coreidae

93. 拉缘蝽 *Rhamnomia dubia* (Hsiao)

2018 年 5 月 18 日，广西桂林市龙胜县大唐湾

2018 年 5 月 18 日，广西桂林市龙胜县大唐湾

2018 年 5 月 18 日，广西桂林市龙胜县大唐湾

蛛缘蝽科 *Alydidae*

94. 欧蛛缘蝽 *Alydus calcaratus* (Linnaeus)

2018 年 7 月 21 日，西藏拉萨市达孜区

< 欧蛛缘蝽

蛛缘蝽科 *Alydidae*

95. 中稻缘蝽 *Leptocorisa chinensis* Dallas

2020 年 8 月 26 日，重庆北碚区盈田

2020 年 8 月 26 日，重庆北碚区盈田

2020 年 8 月 26 日，重庆北碚区盈田

2020 年 8 月 26 日，重庆北碚区盈田，若虫

长蝽科

蝽　科

地长蝽科

兜蝽科

盾蝽科

龟蝽科

红蝽科

花蝽科

姬蝽科

姬缘蝽科

荔蝽科

猎蝽科

盲蝽科

黾蝽科

跷蝽科

同蝽科

土蝽科

网蝽科

蝎蝽科

缘蝽科

蛛缘蝽科

< 中稻缘蝽

95. 中稻缘蝽　*Leptocorisa chinensis* Dallas　　223

长蝽科

蝽　科

地长蝽科

兜蝽科

盾蝽科

龟蝽科

红蝽科

花蝽科

姬蝽科

姬缘蝽科

荔蝽科

猎蝽科

盲蝽科

黾蝽科

跷蝽科

同蝽科

土蝽科

网蝽科

蝎蝽科

缘蝽科

蛛缘蝽科

中稻缘蝽

2020 年 8 月 26 日，重庆北碚区盈田，若虫

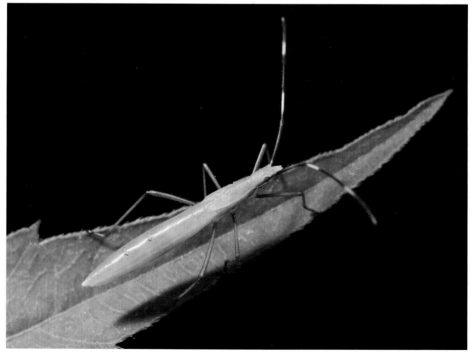

2020 年 8 月 26 日，重庆北碚区盈田，若虫

蛛缘蝽科 **Alydidae**

96. 大稻缘蝽 *Leptocorisa oratoria* (Fabricius)

2019 年 4 月 11 日，海南三亚市水稻公园

2019 年 4 月 11 日，海南三亚市水稻公园

长蝽科

蝽　科

地长蝽科

兜蝽科

盾蝽科

龟蝽科

红蝽科

花蝽科

姬蝽科

姬缘蝽科

荔蝽科

猎蝽科

盲蝽科

黾蝽科

跷蝽科

同蝽科

土蝽科

网蝽科

蝎蝽科

缘蝽科

蛛缘蝽科

大稻缘蝽

2019 年 4 月 11 日，海南三亚市水稻公园

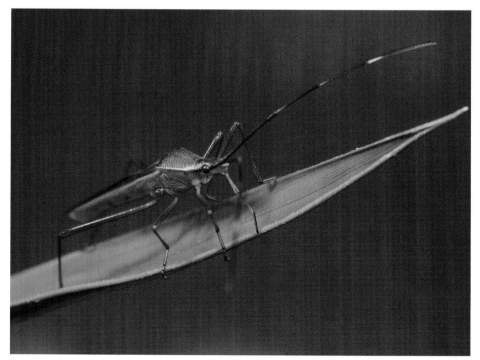

2019 年 4 月 11 日，海南三亚市水稻公园

2019 年 4 月 11 日，海南三亚市水稻公园

2019 年 4 月 11 日，海南三亚市水稻公园

长蝽科

蝽　科

地长蝽科

兜蝽科

盾蝽科

龟蝽科

红蝽科

花蝽科

姬蝽科

姬缘蝽科

荔蝽科

猎蝽科

盲蝽科

黾蝽科

跷蝽科

同蝽科

土蝽科

网蝽科

蝎蝽科

缘蝽科

蛛缘蝽科

< **大稻缘蝽**

蛛缘蝽科 *Alydidae*

97. 稻缘蝽 *Leptocorisa* sp.

2013年9月1日，贵州天柱县

2013年9月1日，贵州天柱县

2020 年 8 月 8 日，北京延庆区四海镇

2020 年 8 月 8 日，北京延庆区四海镇

蛛缘蝽科 **Alydidae**

99. 条蜂缘蝽 *Riptortus linearis* (Fabricius)

2021 年 9 月 24 日，湖南株洲市茶陵县

2021 年 9 月 24 日，湖南株洲市茶陵县

蛛缘蝽科 *Alydidae*

100. 点蜂缘蝽 *Riptortus pedesatris* (Fabricius)

< 点蜂缘蝽

2013 年 8 月 19 日，北京海淀区卧佛寺

点蜂缘蝽 >

2020 年 8 月 23 日，北京朝阳区大屯路

2020 年 8 月 23 日，北京朝阳区大屯路

2020 年 8 月 23 日，北京朝阳区大屯路

2020 年 8 月 23 日，北京朝阳区大屯路

长蝽科
蝽　科
地长蝽科
兜蝽科
盾蝽科
龟蝽科
红蝽科
花蝽科
姬蝽科
姬缘蝽科
荔蝽科
猎蝽科
盲蝽科
黾蝽科
跷蝽科
同蝽科
土蝽科
网蝽科
蝎蝽科
缘蝽科
蛛缘蝽科

< **点蜂缘蝽**

100. 点蜂缘蝽 *Riptortus pedesatris* (Fabricius)　　233

2020 年 8 月 30 日，北京怀柔区黄花城

点蜂缘蝽 ＞

2020 年 8 月 30 日，北京怀柔区黄花城

2020 年 8 月 30 日，北京怀柔区黄花城

长蝽科

蝽 科

地长蝽科

兜蝽科

盾蝽科

龟蝽科

红蝽科

花蝽科

姬蝽科

姬缘蝽科

荔蝽科

猎蝽科

盲蝽科

黾蝽科

跷蝽科

同蝽科

土蝽科

网蝽科

蝎蝽科

缘蝽科

蛛缘蝽科

< **点蜂缘蝽**

100. 点蜂缘蝽 *Riptortus pedesatris* (Fabricius)　235

点蜂缘蝽 >

2013 年 8 月 27 日，北京顺义区

2013 年 8 月 4 日，北京密云区古北口

2019 年 8 月 8 日，北京延庆区玉渡山

2019 年 8 月 8 日，北京延庆区玉渡山

< **点蜂缘蝽**

100. 点蜂缘蝽 *Riptortus pedesatris* (Fabricius)　237

点蜂缘蝽 >

2019 年 8 月 8 日，北京延庆区玉渡山，若虫

2019 年 8 月 8 日，北京延庆区玉渡山，若虫

2019 年 8 月 8 日，北京延庆区玉渡山，若虫

长蝽科

蝽　科

地长蝽科

兜蝽科

盾蝽科

龟蝽科

红蝽科

花蝽科

姬蝽科

姬缘蝽科

荔蝽科

猎蝽科

盲蝽科

黾蝽科

跷蝽科

同蝽科

土蝽科

网蝽科

蝎蝽科

缘蝽科

蛛缘蝽科

< **点蜂缘蝽**

100. 点蜂缘蝽　*Riptortus pedesatris* (Fabricius)　　**239**

2019 年 8 月 8 日，北京延庆区玉渡山，若虫

2016 年 11 月 6 日，河北唐山市

2013 年 9 月 20 日，河北唐山市玉田县

2017 年 10 月 1 日，天津宝坻区

长蝽科

蝽　科

地长蝽科

兜蝽科

盾蝽科

龟蝽科

红蝽科

花蝽科

姬蝽科

姬缘蝽科

荔蝽科

猎蝽科

盲蝽科

黾蝽科

跷蝽科

同蝽科

土蝽科

网蝽科

蝎蝽科

缘蝽科

蛛缘蝽科

< 点蜂缘蝽

100. **点蜂缘蝽** *Riptortus pedesatris* (Fabricius)　　241

点蜂缘蝽 >

2017 年 10 月 1 日，天津宝坻区

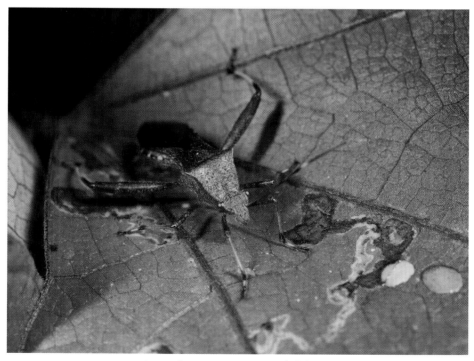

2021 年 10 月 2 日，天津宝坻区

2021年10月2日，天津宝坻区

2018年9月14日，贵州平塘县

长蝽科

蝽　科

地长蝽科

兜蝽科

盾蝽科

龟蝽科

红蝽科

花蝽科

姬蝽科

姬缘蝽科

荔蝽科

猎蝽科

盲蝽科

黾蝽科

跷蝽科

同蝽科

土蝽科

网蝽科

蝎蝽科

缘蝽科

蛛缘蝽科

< 点蜂缘蝽

100. 点蜂缘蝽　*Riptortus pedesatris* (Fabricius)　　243

中文名称索引

Y

学名索引